[日]多田亚树博 著 安洋 译

奇迹美女
变身术

彩妆·发型宝典

U0332774

中国纺织出版社

Content

Chapter1
BASE MAKE

实现完美妆效的3大妆前 POINT

♥ 肤质

眉型

底妆技巧

膨润水嫩感满溢
实现向上拉提般的完美紧致美肌

消除浮肿的水润
小颜课程

正确按摩的重点就是不拉扯肌肤！
均匀涂上保养品后，
依照图示步骤轻轻滑动按摩，
就能打造滋润紧致的梦幻美肌。

1 从额头中央至太阳穴部位

使用食指、中指、无名指的指腹从
额头中央往太阳穴方向轻推，像是
将多余水分往外推除的感觉。温柔
按摩，可去除额头的浮肿。

2 顺着脸侧轮廓上滑至耳前脸颊

延着脸颊两侧的骨头由下往上推至耳后高
度，想象是推除多余脂肪的感觉向耳朵前
方的脸颊推去，帮助改善下垂的脸颊肉。

A REVITAL 醒肤按摩霜 80g NT.2500／
SHISEIDO B 紧致活妍弹力按摩精华液
NT.580／AQUALABEL C 泥状角质按摩
霜EX 100g NT.1450／IPSA D 超V型紧
塑精华 50mL NT.2350／CLARINS 。

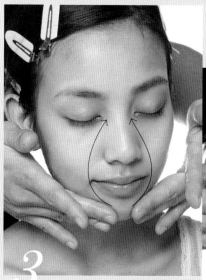

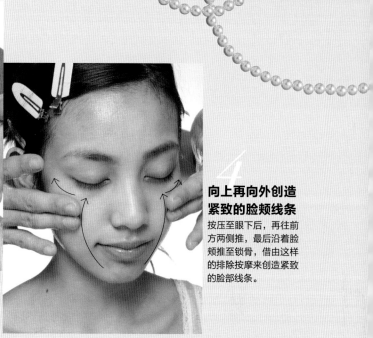

4 向上再向外创造紧致的脸颊线条

按压至眼下后，再往前方两侧推，最后沿着脸颊推至锁骨，借由这样的排除按摩来创造紧致的脸部线条。

3 将脸部的多余赘肉向上提拉

运用两手的中指与无名指按压下巴中央，从两边向上经过嘴角和鼻翼，轻轻往眼头方向按压推挤，去除双颊的浮肿。

6 由下往上按摩到下巴边缘

自锁骨处开始，以画圈方式由下往上慢慢按摩到下巴线，保持颈部的滋润感并摆脱双下巴。

5 于前颈与下颌处均匀涂上乳霜进行按摩

将两手中指压在耳后，慢慢向下滑至锁骨处，帮助耳后的淋巴排毒。

只要改变眉妆
就能瞬间获得时尚妆容！

改变妆容印象的
修眉技巧

率性可爱，能够自然融入彩妆凸显眼眸，
又能展现潮流感容颜的柔和浅色眉
就是完美妆容的必备！

2 以湿的化妆棉
擦除脱色膏

将化妆棉沾湿，先顺着
毛流将脱色膏拭去，等
到眉毛干了以后就可以
梳开修剪了。

1 先用脱色膏将眉色漂淡

在整个眉形范围均匀涂抹脱色膏，
静置约五分钟等到比发色浅1~2个
色号即可。

3 修剪眉峰~眉尾的下侧

为了描绘出眉毛下侧部分的美丽弧
线，要再次对眉毛进行调整，剪刀
尖端延着眉下修剪就是这个步骤的
关键所在。

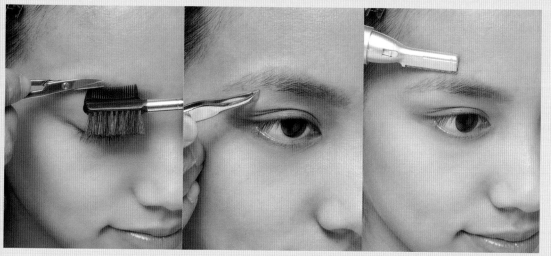

4 调整眉头~眉峰上侧

谨慎地修剪眉毛上方多出来的尾端，以眉梳压住眉毛使之有空隙，一点一点地剪掉就是秘诀！

5 拔除眉下与眼皮的杂毛

用拔毛夹将眼皮上方的杂毛拔除，需要拔除的部分是比眉尾更靠下的部分，尤其顺着毛流来拔会更顺利。

6 以剃刀剃除眉形以外的杂毛

基本上眉毛上侧的线条是不需要处理的，过度整齐反而显得不自然！只要处理眉形范围外的杂毛即可。

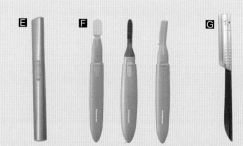

E 铝镁合金仕女多功能电动修眉修毛刀(NS-668) NT.380 F 翘丽三姐妹美容随身组EH-3000(指甲修护器、睫毛梳、脸部修毛刀)NT.1880／Panasonic G 日本贝印修眉刀 NT.120／Dolly Girl

完成柔嫩无瑕的陶瓷美肌
就是妆容的质感关键

妆容悄悄加分
的秘密

无论是自然、可爱、性感
还是奢华LOOK，想要达成完美妆感，
关键还是底妆！

1 调和出适合自己
肤色的粉底

粉底色号与肤色接近是底妆
自然的关键所在，如果找不
到完全符合的商品，也可以
用两款色号混合来创造自己
的专属粉底。

3 上妆前先以颈部肌肤试色

将调和完的粉底液薄薄地涂抹于颈部肌
肤，确认没有色差后再开始底妆步骤。

2 将全脸的分量置于手上

担心直接将粉底液涂抹在脸上
会不小心涂得太多，导致容易
出油脱妆，因此建议先取适量
粉底液置于手心，再一点一点
地抹在脸上。

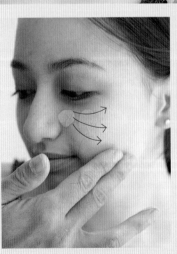

4 涂在脸颊的三角区域

眼睛下方的三角区域肤色与光泽变得漂
亮的话，整体肌肤的质感就能大幅提升！

5 将粉底液呈放射状推开

将三角区域的粉底液朝外侧推
开，祕诀是使用手指的根部大面
积地推开，延伸至脸部边缘。

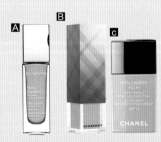

A 苹果光透亮粉底液 SPF10 NT.1450／
CLARINS B 丝柔轻透粉底液 30mL
NT.1800／BURBERRY C 活力光彩保湿
水粉底 NT.1750／CHANEL

运用粉底液
打造轻感光泽肌

6 靠近鼻翼处原地轻轻拍打

鼻翼边缘的粉底液朝脸部中央推开，连另一边的鼻头也要涂抹到，这样脸部的右半边就完成了！左半边也以相同的方式进行。

D 完美光透美白粉底液+完美柔雾美白粉底液 30mL NT.1650／NARS **E** 雪纺轻润粉底液 SPF18 PA++ 30mL NT.1250／JILL STUART

7 *Key Point*

眼睛的边缘一定要薄薄涂抹！

如果粉底液堆积在眼睛边缘，妆感看起来会很厚重！用指腹轻轻拍打，使粉底液变薄并和肌肤融合在一起。

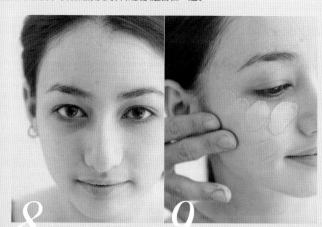

8 右半脸Finish

9 左半脸操作Again

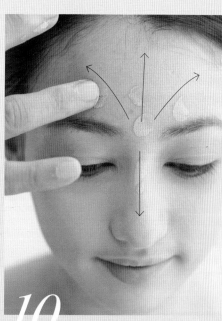

10 从额头轻薄推匀至鼻梁上

从额头开始以放射状的方式推到脸部边缘，再往下推匀至鼻梁上。特别注意，容易出油的鼻梁一定要薄薄涂抹才能防止脱妆。

使用粉饼
完成无瑕陶瓷肌

Start

1 自眼下往脸颊下滑

将粉底涂在眼下三角区域，再以向下滑的
方式朝脸部边缘推开来，完成内侧有粉但
边缘非常薄透的妆感打造。

2 S形来回涂抹脸颊肌肤

从眼下开始往外再往内地来回向下
涂抹至下巴处，这样一来脸颊内侧
便能确实擦到粉了。

3 以粗线条方式为额头上粉

以画粗线条的方式在左右眉峰上擦上粉
饼。余粉则往发际延伸，创造薄透感。

A 光感奇迹保湿水粉饼 SPF20 PA++
10g NT.1450 / LANCOME

B 白金宝石净萃粉饼 NT.1080／
ORIKS C 梦幻美姬 极致柔白粉饼
NT.420／1028

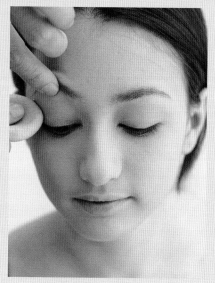

4 鼻梁轻推并以余粉遮盖毛孔

沿着鼻梁方向向下，并轻轻地向左右脸颊
方向推匀。在意的粗大毛孔鼻翼，就用海
绵轻轻地将余粉压入毛孔中。

5 眼周轻薄涂抹遮盖黯沉

用海绵蘸取一点点粉在眼周轻压并推开，
眼下部位则用剩下的粉薄薄涂抹上。眼周
的皮肤很薄，严禁涂太多！

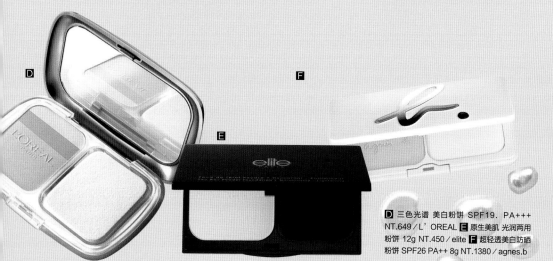

D 三色光谱 美白粉饼 SPF19．PA+++
NT.649／L'OREAL E 原生美肌 光润两用
粉饼 12g NT.450／elite F 超轻透美白防晒
粉饼 SPF26 PA++ 8g NT.1380／agnes.b

絕对完美的
底妆遮瑕技巧

A 亮眸明采乳 6.5g
NT.1050／LUNASOL
B 苹果光柔焦除纹饼
NT.950／CLARINS

1 下眼皮凹陷处点上遮瑕膏

咖啡色黑眼圈选用黄色系遮瑕产品、青色黑眼圈则
用橙色系来消除。点在距离眼眶1mm的地方，可使
眼下暗沉消除。
熊猫掰掰遮瑕棒 4g NT.450／ORBIS

C 蕾丝亮眸双星一水润
光眼部遮瑕膏光匀亮眸
膏各1.25g NT.330／
BeautyMaker

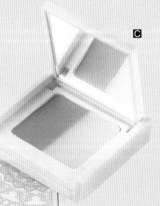

2 用轻点的方式使其均匀服帖

运用海绵边缘在遮瑕膏上轻轻按压，重叠式的原地
小范围轻拍就是重点。

消除鼻翼周围的毛孔与泛红

将蘸有遮瑕膏的海绵，直接按压在鼻头两侧的毛孔
与鼻翼泛红区域。

一手遮天遮瑕膏 #03健康肤色 4.4g NT.950 / Benefit

4 运用咖啡色阴影打造小脸效果

取米粒大的量先抹在手背上调整分
量后使用，像盖印章一样点在脸部
轮廓的周围。

5 朝向外侧推开产品与肌肤融合

使用手指根部往颈部方向推开，重
点是必须推匀到肌肤仿佛变成浅咖
啡色的感觉，切记颜色不可以太深。

D All in One亮彩膏-Laguna
14.2g NT.1300 / NARS E
最上镜遮瑕膏 2.3g NT.700 /
smashbox

1 脸颊和额头轻薄均匀地刷上蜜粉

使用蜜粉刷在脸颊与额头等面积较宽的部位，由内向外轻薄均匀地刷上蜜粉。

2 容易脱妆处要特别按压

皮脂分泌较旺盛的肌肤部位特别容易脱妆，因此鼻翼两侧在遮瑕后要扑上蜜粉才行。

A 雪纺柔光蜜粉 20g NT.1350／JILL
STUART **B** 零毛孔甜心蜜粉饼 SPF10
NT.600／ettusais

C 进化美肌矿物蜜粉底 10g NT.420／KATE **D** 高感度无瑕矿物蜜粉 NT.990／NYX **E** 无龄珍珠 蜜粉 SPF20.PA++ 20g NT.3300／dicila **F** 光感 奇迹保湿蜜粉 15g NT.1600／LANCOME

AFTER

G 挥别油光轻蜜 4.8g NT.900／smashbox

3

眼皮容易出油时也要轻轻扑上蜜粉

眼皮出油会导致精心画好的眼妆糊成一团，所以定妆时也不要忘了在眼皮处扑上蜜粉。

Chapter2
COVER LOOK

带来恋爱预感的
费洛蒙彩妆

稍微SEXY的怜爱系疗愈彩妆，
正在女孩间流行！

上眼皮用珠光系带出明亮感

大范围地将珠光眼影从眼头开始朝向眼尾涂在整个眼皮上。重复涂太多次会变得不均匀，轻轻刷过再按压一下就可以了。

用渐层色创造出立体感

在双眼皮的幅度内刷上渐层色。先从眼尾往中央刷去，再从眼头往中央刷上，打造出立体双眸。

刷上睫毛膏打造自然眼神

从睫毛根部开始，上、下睫毛都要仔细涂抹。充分延展并刷开后，在眼尾部分重复刷上睫毛膏，强调束状感。

粉红色强调有血色的双颊

鼻翼边缘开始向脸部轮廓边缘刷出横长的彩，一点一点重复刷色，营造自然血色的润色泽。

将唇蜜充分涂在唇部中央

先以唇部遮瑕膏将原本的唇色遮盖后，整体涂上唇蜜。唇部中央重复涂擦上唇蜜，创造膨润视觉就是目标。

运用眼线使黑色瞳孔变得明显创造令人怜爱的小狗颜

在眼线与睫毛膏的使用上，强调出黑色瞳孔并展现横眼魅力，就是费洛蒙妆感的必备关键！

7

**瞬间脸红般的粉润双颊
让对视的瞬间充满爱恋气氛**

不是美丽的显色度而是自然的脸红感，这样
的颊彩就是现在想要追求的妆容。

8

**看似非常柔软的双唇
实在没有办法抗拒**

牛奶粉红色有着像少女一样惹人怜爱
的印象，搭配非常柔软的视觉效果，
就是费洛蒙系彩妆的代表。

Finish!

蓬松柔软的发型质感
无辜的感觉
让人非常想亲近

造型时选择大卷的电棒不仅可以打
造柔和卷度，同时也能创造视觉上
的丰盈感，搭配上自然的柔和裸
妆，看起来可爱又无辜，令人不经
意的想要靠近！

两颊旁的发束运用发蜡抓
出柔软的自然卷度，并以
指腹搓揉发尾创造蓬松柔
软的自然弯度，造型简单
却能创造绝佳的注目度！

AWG丰盈线条乳霜
6.7oz NT.1100/PAUL
MITCHELL

造型凝露立体塑
型75mL NT.220/
Liese

造型果冻雾(空气感柔
卷) 195mL NT.229/
MACHERIE

保湿防护发妆水
200mL NT.150/
LUCIDO-L

MAKE UP & HAIR ARRANGE

Chapter 3

东京直送时髦发妆

KEY POINT

☐ **珠光棕色**的眼妆

选择具有珠光感的棕色眼影，自然的闪亮感立即呈现强烈视觉效果。

☐ 花朵般的**蔷薇风腮红**

充满度假感的花朵系透嫩双颊，搭配强烈的眼妆就不会显得太过孩子气。

☐ **裸色**的唇部

确实消除唇部的红润感后，涂上裸色唇膏。并不是完全没有颜色，而是带点淡淡的粉肤色。

A 光灿润采修容饼 NT.900 ／
LUNASOL **B** 星钻美形舒芙蕾眼
彩 NT.1050 ／ SOFINA **C** 特浓持
久眼线胶笔 NT280 ／ KATE

1 以双色渐层打造清晰深邃感

将棕色眼影圆圆地涂在眼窝上，再重复叠涂画入眼褶
里，眼头的眼凹处要特别加强。

2 下方薄薄地画上棕色强调阴影和眼尾

在下眼睑位置将淡棕色从眼头到眼尾画一条粗一点的
线条，再用棉花棒晕染开来。

3 画上全框式的眼线

使用眼线笔填满睫毛根部的缝隙后，在眼褶与下眼睑
画上全框式的眼线。眼尾直直地延伸就好，不需往上
勾勒。

4 戴上假睫毛并打亮眼下三角区域

刷上睫毛膏后，戴上强调眼尾的假睫毛创造眼神。整
体完成后，在眼下三角区域涂抹银白色高光。

Cheek

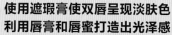

使用遮瑕膏使双唇呈现淡肤色
利用唇膏和唇蜜打造出光泽感

将遮瑕膏涂满整个唇部，消除掉红润感。延着唇形薄薄地涂上，用手指轻点延展开来，再以唇膏涂满整个唇部，只在中央丰润的部分叠上唇蜜。太用力摩擦会破坏底色，因此请温柔地涂上哦。

大范围的在脸颊较高的位置圆圆地叠刷上腮红

选择盛放花朵般亮眼的粉色腮红从鼻翼旁向太阳穴斜斜地晕染，呈现出自然的红润感，并在脸颊最高的位置画圆般大范围地刷上腮红，即能呈现自然的渐层，打造立体感。

Lip

脸部周围大胆且变化丰富的波浪卷度，充满了华丽的流行元素，卷度明显的波浪发拥有瞬间令人为之一亮的时髦感，为甜美的表情注入了强烈的注目度！

混合大、中的发卷以平卷方式打造卷度强的卷发造型。整理造型时再破坏波浪，让发丝释开放松，展现出丰盈质感。

脸部周围丰富的波浪卷
展现了华丽的女人味

KEY POINT

☐ 清晰有神的大眼睛

运用眼线与睫毛提升眼睛大小，并以带透明感的眼影凸显眼皮的立体感。

☐ 丰润的双唇

将上下唇修饰成一致的厚度，创造出看起来饱满又美味的双唇。

☐ 强调柔美的骨架

眼尾后方的肌肤使用银白色打亮，自然地强调颧骨并修饰成横长型，凸显甜美感。

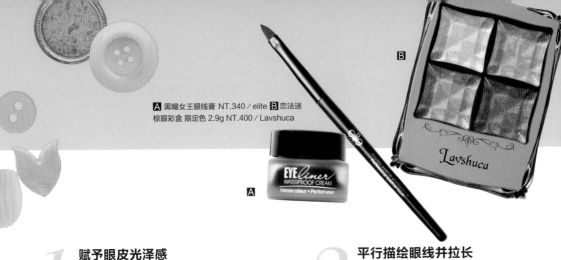

A 黑瞳女王眼线膏 NT.340／elite B 恋法迷
棕眼彩盒 限定色 2.9g NT.400／Lavshuca

1 **赋予眼皮光泽感**
用大眼影刷将眼影大范围地刷在整个眼皮上，制造光
泽感，下眼皮的后段也要带到。

2 **平行描绘眼线并拉长**
先用眼线膏将眼睛边缘集中起来，再重叠描绘睫毛
部，眼尾平行并拉长。

3 **下眼皮以阴影色加深同时提亮**
选择金棕色眼影从下眼皮的眼尾开始描绘2/3，赋予
阴影，金色的亮泽同时创造了无辜眼神。

4 **反光板效果的提亮色**
眼头、鼻梁与眼睛下方都以银白色提亮，创造立体
并为肌肤增添轻盈柔和的质感。

Cheek

显甜美感的椭圆形腮红
上横长形腮红强调柔美的骨架

颧骨偏内侧的鼻子旁边开始，用大毛刷轻轻
以椭圆形方式刷上亮粉红色的腮红。再从鼻
旁边横向往侧面轮廓线叠涂一次，渐渐融入
郭。

让上唇变得饱满
修饰出上下厚度一致的饱满双唇

将唇膏与唇蜜混合，以唇刷蘸取适量从上唇的嘴角往
唇峰描绘出弧度，上下双唇修饰成一致的厚度，创造
出饱满丰润的小小奢华主义双唇。

Lip

使用粗的发卷打造出大波浪
的膨松柔顺卷发，融合于光
线之中的透明感和充满立体
的束感就是造型关键。

Side

展现自然弹性卷度和不规则波
浪混合的空气感甜美风格，从
中段开始至发尾卷1.5圈，营
造出波浪卷度。

Back

自然系魅力全开，
受宠爱的柔和温顺
透明感卷发

KEY POINT

☐ **浑圆晶亮**的眼眸

在自然的彩妆中运用柔和色系与自然余白
感创造漂亮横长的下垂眼。

☐ **名媛风的**自然睫毛妆

如羽毛般的毛茸茸睫毛让眼睛充满诱惑！
虽然强调眼神的力量，但却赋予了睫毛不
会太过沉重的自然轻盈感。

☐ 运用**自然光感**提升**美人力**

眼睛下方刷上一抹与肤色融合的高光色，
并以腮红间的对比带入深邃感。

1

以微笑脸庞来刷上腮红

将腮红蕴含于粉刷中后，轻轻在面纸上拍落多余的粉末，再像是包覆住微笑时鼓起的脸颊圆润部位一般，以上弦月与下弦月的弧度描绘。

2

椭圆形的横长画法打造Baby风

接着将粉刷延着颧骨线条，往脸颊轮廓的边缘部位轻轻刷去，打造出具有娃娃感的横长椭圆形。

3

以高光色来提升美人力

在眼睛下方的三角区域刷上高光蜜粉，色彩的渐层可以增添立体感，也能让肌肤看起来更加亮丽。

Ⓐ 立体丰唇蜜 PK9 6g NT.350／KATE
Ⓑ 魔幻花语修容盘 10g NT.580／MISSHA

人气极速上升的甜美翘唇
呈现嘴角上扬效果

想要打造出可爱的翘翘唇，最重要的就是要在上唇的唇峰做出弧度！在打造出有弧度的上唇后，让下唇呈现厚度并补以适度的光泽感，就能完成具有上扬效果的嘴角了♥

Eye

EYE 360° 扩大技巧
打造纵向与横向皆放大两倍的眼睛

先以浅褐色眼影打造眼皮阴影，眉下方则以高光色制造立体效果。拉长眼线制造横向幅度后，再以阴影色从眼尾画至黑眼珠下方创造利落感，并叠上珠光色让纵向幅度看起来扩大！最后瞄准睫毛中央部位彻底刷上睫毛膏，就能让眼睛放射性地全面扩大！

Lip

Side

就像雪纺纱一般的透明感波浪卷发，从额头开始加入层次打造轻盈感，混合大小不一的发卷来打造造型，让秀发的相互交叠展现律动不同的波浪，表现出非常可爱的卷发线条。

散发轻盈感的律动波浪，是为了不想要太可爱，也不想太成熟性感的你量身打造的中长发造型！让你展现自然甜美感掳获众人的心♥

Back

超级适合明亮眼神的
透明感雪纺卷发

KEY POINT

□散发**健康光泽的肌肤**

运用亮肤色提亮T字部位，自然的健康光泽令人非常喜欢。

□**强烈茶色**作为妆感主角

强调轻盈却不失抢眼感的Eye Make，运用强烈茶色轻柔上色，完成具有洗练感的眼神。

□兼具**眼线效果的浓密睫毛**

羽毛般纤细丰盈的美丽睫毛时代来临，眼线极小化，重视根部的浓密睫毛带来了隐形眼线的效果。

A 时尚色绘 尚质晶漾眼采霜 BR306s 6g
NT.850／SHISEIDO B 俏女孩蕾丝眼采霜
GD02 2.5g NT.600／CHIC CHOC C 浓纤翘
大眼睫毛膏 9mL NT.800／smashbox

1 使用眼影膏为眼皮制造光泽感

将眼影霜轻轻地抹在整个眼窝，一抹上就能自然营造出透明闪烁的光泽感，下眼皮可用小笔刷描绘。

2 用大笔刷晕开茶色眼影

蘸取深咖啡色眼影后轻轻晕染在上眼皮，刷下眼皮时略过眼头，增添有绝妙差异感的阴影效果。

3 在局部投入光影

将高光色涂在眼头上眼皮的正中央，这样能加强眼皮的高度，使平坦的眼皮也能拥有自然的立体感。

4 使用睫毛膏塑造纤细美睫

彻底夹翘睫毛根部后，用睫毛膏刷出根根分明的睫毛，然后使用浓密型睫毛膏完成丰盈的眼线级浓睫打造。

Skin

绝对必备的肌肤提亮秘诀
完成自然立体的完美脸型

眼睛下方、眉毛下方、额头、鼻梁、下巴等部位
都要仔细地以高光色修饰！除了提亮之外，修容
粉的使用也绝对不能忽略，令人在意的轮廓线条
就用比肌肤深两阶的茶色来改善。

Lip

接近肤色的裸橘色唇彩
就是自然裸妆的正解

以遮瑕膏调整一下唇色，再涂上接近肤色的裸橘色
唇膏，完美的裸色容颜就完成了！点缀上具有透明
感的唇蜜就能变得很有华丽感。

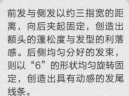

前发与侧发以约三指宽的距离，向后夹起固定，创造出额头的蓬松度与发型的利落感。后侧均匀分好的发束，则以"6"的形状均匀旋转固定，创造出具有动感的发尾线条。

编发完全固定后，将发尾的卷度重新撕开整理，创造出随性的蓬松波浪，后脑勺不足的地方可以用梳子逆梳刮蓬松，完美修饰头型。

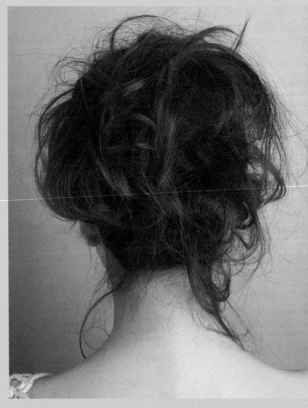

空气感满溢
不经意地展现出随性的进化编发

KEY POINT

☐ **创造美人眼眸**的
黑色猫咪眼线

单一色系的自然阴影与不容忽视的浓黑眼
线，提升了眼部的美人度。

☐ **骨架的提亮与橡皮擦修容**

借由光与影的交互涂抹，让脸颊产生自然
的凹凸感，不论正面、侧面都是立体的轮
廓美人。

☐ **实现美唇**的嘴角提亮

适度的丰盈，水水亮亮的婴儿粉红、上扬
的嘴角。

A 谜夜魅光眼彩蜜 8g NT.980 /
SONIA RYKIEL B 一笔深邃眼线液
0.5mL NT.290 / Za C 苹果光柔
焦除纹饼 NT.950 / CLARINS

A **B** **C**

1
运用阴影色与高光色呈现眼睛的深邃感
最好是用指尖蘸取眼影膏修饰眼皮骨架凹陷处，再以眼影刷淡淡地重叠涂抹，自然晕开与肌肤之间的交界。

2
下眼皮晕染在卧蚕的范围
选择阴影色涂抹下眼皮卧蚕的范围，眼尾不要环绕，而是自然地晕开。

3
确认眼尾角度向上拉翘眼线
描绘眼线前先确认好眼尾与眉尾连接的线条，这就是最佳的描绘位置！从眼头到眼尾细细描绘，眼尾则延着连线拉长翘起。

Cheek

光与影相邻涂抹
创造脸颊丰盈&轮廓精致的鹅蛋脸

颧骨下方涂抹腮红后，将高光色涂抹在颧骨的高处
与凹陷下方，最后沿着轮廓线条涂抹修容，在脸部
的余白处打上阴影，就能起到修容的效果了。

用提亮色收紧嘴角
提升嘴唇的丰盈感

以珠光肤色唇笔勾勒出嘴角的轮廓，用指间轻轻推开
后，画出唇部轮廓并在整个嘴唇大量涂抹上唇蜜，凸
显出唇部的立体感。

Lip

为了加强头顶部的立体感，特别以茧型的圆弧轮廓线条为头型做了完美的修饰，搭配上发尾的外翘感展现出甜美的复古度假风造型。

发尾的层次感点缀出轻盈的动感，颈部周围尽量卷出外翘感，完成不会过度甜美却非常时髦的利落魅力发型。

悄悄摆动的发束搭配
打造出 Retro Style

KEY POINT

☐ **闪亮亮光泽底妆打造立体迷你脸**

选择加入珍珠亮粉的底妆就是重点！粉底之下微微发光，产生自然的立体感。

☐ **以阴影来创造修长完美脸型**

注意骨骼的位置并配合它刷上阴影，稍微淡一点的感觉就是正解，刷得太深会显得不自然。

☐ **运用腮红技巧提升立体感**

脸颊是人们关注的焦点！创造圆润的脸型，大幅度地刷上腮红，提升健康又可爱的印象。

1 珍珠般闪耀色彩完成自然立体感

使用大笔刷在眼窝部分轻轻刷上大片的珍珠光泽，为眼妆打底，展现梦想中的自然立体感。

2 超出眼褶范围要深深晕染

用粗眼影棒在比眼褶再高一点的位置，叠涂上色彩比较浓的咖啡色，向着眼窝推开，就像渐层一样。

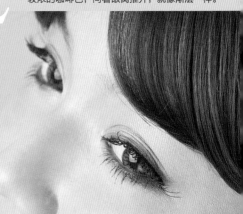

3 三层渐层创造阴影与立体感

用细眼影棒将深棕色涂在眼褶处，这样一来三层渐层就完成了！深棕色不只是一条线的范围而已，大胆地将其画在眼褶处是重点！

4 加长眼睛幅度的细长眼线

以"细细的边缘"为重点，在眼睛的边缘以稍微细长的眼线加长眼睛幅度。眼尾如果画得太多或往上提太多，就会感觉太刻意，一定要避免。

Lip

小脸的唇部也要提升立体感
透明的唇蜜绝对必备！

因为眼部彩妆很强烈，唇部使用透明色彩比较能取得平衡，只要用唇笔描绘出轮廓，中间部位再重复涂抹，透明的唇蜜便能展现出绝佳的立体感！

Cheek

用修容来创造立体修长脸型
淡淡的色彩要仔细掌握

从脸颊开始，大幅度地将修容粉刷在脸颊附近，稍微带点颜色就可以，太浓会NG！腮红则从笑起来的部位开始往外延伸，轻轻刷在脸颊颧骨附近。如果画得太窄会显得老气，要特别注意！

容易一成不变的简单
Bob头就利用轻盈柔
润的束感来完成甜美
度的提升！温柔的弧
形充满轻盈的律动氛
围，也散发着浓浓的
女人味。

后方以同一长度的设计让
脸部周围的长度维持巧妙
的平衡感，表面保留一点
分量感，因此虽然轻盈却
拥有束状光泽感，完成了
非常清爽的蘑菇层次。

细腻的维持轻重平衡对比
束感＋光泽感为决胜点

Chapter4

甜而不腻的人气女星发妆造型

MINA STYLE

DOLLY MAKE

LESSON

mina cover look Part 1

田中 美保
Tanaka Miho

温暖甜美的田中 美保篇

可爱新定义
TANAKA MIHO

总是散发唯美可人气息的美保，
给人温暖到心中的感觉，
率真自然的妆容就是成为mina cover girl的秘密关键，
女孩们快学起来吧！

Ⓐ 扫黑防水眼线液 0.6g NT.900
Smashbox Ⓑ 镜光璀璨眼影盒
BR-3 2.2g NT.360 KATE

Eye1 刷上接近肤色的亮卡其色眼影

2 叠上咖啡橘打造自然渐层

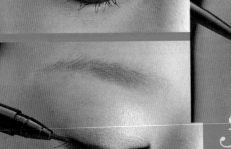

3 打上自然棕色眼影

4 画上温柔眼神的黑细眼线

1. 使用毛质眼影刷将亮卡其色眼影大范围刷在整个眼窝。
2. 在眼窝1/2靠近睫毛处，使用眼影棒叠上咖啡橘色眼影。
3. 使用小眼影棒在双眼皮褶处画上一条棕色眼影，自然的渐层就完成了。
4. 选择黑色眼线液，从眼头到眼尾画出细细的眼线。

5. 运用斜椭圆形刷法，在颧骨与太阳穴中间刷上粉橘色腮红。
6. 混合红色和浅粉红色的唇膏调出最适合自己肤色的唇色涂抹于唇部，最后涂上透明唇蜜。

Lip

5 刷上甜美粉颊

Cheek

C

6 涂上纯真光泽美唇

D

Finish!

] 极光调色盘 Cheeks
金色 NT.1260
MK **D** ProLong
ear Unlimited 3.6g
T.600 M.A.C

在微凉的时刻
温暖系女孩融化你的心
甜美相似度95%！

mina cover look part 2

安室 奈美惠
Nami Amuro

憧憬女神安室 奈美惠篇

最梦幻女星
AMURO NAMI

女孩心中的完美女神IDOL，果然还是可爱有活力的安室！
想要破解安室的不败魅力，
就让多田亚树博老师以专业日系手法，
让你彻底变身成梦想中的女神♥

A LUNASOL晶巧光灿眼盒 #2 NT.1550
KANEBO **B** ESPRIQUE PRECIOUS 幻妆 极
浓眼线笔 BK001 NT680 KOSÉ

Eye 1 刷上粉金色眼影

2 使用黑色眼线笔

3 画上眼线

4 刷上淡粉色腮红

1. 使用毛质眼影刷蘸取适量眼影粉，在整个眼窝刷上粉红带金色光泽的眼影。
2. 在靠近睫毛根部，使用黑色眼线笔画上一条粗眼线，睁眼时也能明显看见的眼线。
3. 使用眼线笔后，再用黑色眼线液在睫毛根部画上一条有光泽的细眼线，如果佩戴了假睫毛需遮住痕迹。
4. 选择适合自己肤色的粉嫩色系腮红，在脸颊笑起来时凸起的笑肌处轻轻刷上，创造可爱气色。

5. 用唇刷蘸取适量粉红色唇膏，从嘴角往唇部中央均匀涂抹，仔细覆盖原有的唇色。
6. 涂好BASE后再使用透明带粉红的唇蜜，大量涂抹于双唇，制造水润丰盈感，同时遮盖唇纹。

Lip

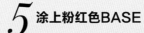

5 涂上粉红色BASE

Cheek

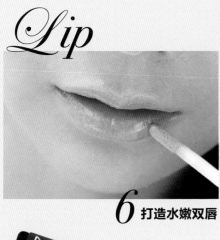

D

6 打造水嫩双唇

C

Finish!

C 炫色腮红 Douceur 4.8g
NT.950 NARS D 立体丰唇蜜
BE-5 6g NT.350 KATE

STEP1
将所有头发抓起绑成干净利落的马尾，高度约为头顶中心点，可在面对镜子时稍微低头，找出从两耳延伸至头顶的中心点。

STEP2
绑好利落的马尾后，使用32mm的电棒卷将所有发尾烫卷，可分别内卷和外卷，不需一致整齐。

STEP3
接着戴上发饰，并看整体发量，将烫卷的发尾抓蓬松，可使用造型品辅助，整体抓松后就有神奇的小脸效果啦！

mina cover look ^{Part} 3

加藤 罗纱

Kato Rosa

超人气女优**加藤 罗纱**篇

空气感美人
KATO ROSA

人气甜美女优加藤 罗纱，自然深邃有点像外国人的脸孔，
开朗纯真的活泼个性，让她成为多部日剧的女主角，
想要拥有和罗纱一样的魅力，
就尝试看看深邃大眼mix蜜桃美肌的甜美脸庞吧！

A 恋爱魔镜超激长魔法睫毛膏
第三代 6g NT.320 SHISEIDO
B 恋法迷棕眼彩限定组(眼影
盒+眼影棒) NT.400 Lavshuca

Eye 1 眉下画上白色系眼影

2 双眼皮褶画上混合色眼影

3 描自然的纤细浓黑眼线

4 梳状睫毛膏刷出光泽感

1. 使用眼影棒于眉毛下方涂抹上银白系接近肤色的
   眼影，棉质眼影棒可凸显色彩。
2. 使用毛质眼影刷蘸取适量的眼影，混合米金色与
   暗金色眼影，涂在双眼皮褶处。
3. 在接近睫毛根部的地方描绘上细细的黑色上眼
   线，尾端不用拉高而是着重自然眼神。
4. 使用梳状睫毛膏从睫毛根部开始刷上，强调纤长
   且有光泽感的睫毛。

5. 刷下睫毛时，可以在底下垫着卫生纸，如此一来好刷又不会刷到眼皮。
6. 选择适合的橘色腮红，用大腮红刷在脸颊中心画圆，强调自然健康肤色。

5 下睫毛也要根根分明

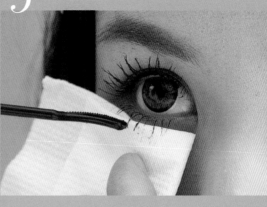

Cheek

6 大范围刷上橘色腮红

C

Finish!

D

C 时尚腮红 STYLE
6g NT.720 M.A.C
D 超炫耀的丝绒唇
膏 #31悄悄的 3.5g
NT.1000 CHANEL

特别推荐罗纱的自然系
甜美微蓬发给mina女孩，
随性的蓬松感特别可爱迷人！

mina cover look part 4

北川 景子
Keiko Kitagawa

清新甜美的北川 景子篇

美人新定义
KITAGAWA KEIKO

近年来在日本、台湾都非常活跃的新生代女优北川 景子，
打败绫濑遥和宫崎 葵荣登日本"最想变成她的脸"
排行榜第一名！身为日本女星御用彩妆师的多田老师，
现在就帮所有女孩完成这个梦想♥

A 魅惑深眸防水眼线笔 璀璨黑 NT.280
MISSHA **B** 魔幻双彩腮红 粉红花蕾 4g
NT.880 Anna Sui **C** 迷炫眼影 DEEP
BRONZE NT.260 NYX

Eye 1 打上亮米色眼影

2 刷上浅咖啡色眼影

3 眼尾稍微拉长一点点

4 画出自然泛红感脸颊

1. 在整个眼窝打上含细小亮片的米色眼影，使用毛
   质眼影刷就能令上色均匀。
2. 使用尖头眼影棒于双眼皮褶处，刷上浅咖啡色眼
   影，打造自然阴影。
3. 使用黑色眼线笔从睫毛根部画上一条自然的细眼
   线，眼尾处拉长一点点。
4. 运用中型的腮红刷蘸取适量的粉红色腮红，以横
   椭圆形的手法刷上。

5. 不用唇膏打底，直接选择粉红色唇蜜从嘴唇内侧往外仔细涂抹。
6. 拥有立体小脸的关键就是这个动作，刷上珍珠白色亮粉提亮整个三角区域。

Point

6 打亮三角区域

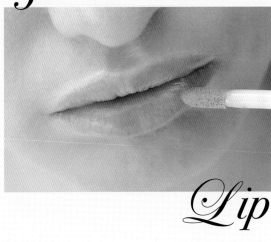

5 直接涂上唇蜜

Lip

D 唇力无边唇彩蜜粉红珍珠贝母 7.5mL NT.750/benefit **E** Aloha 多光性感V亮彩 NT.580/ETUDE HOUSE

STEP1
用38mm的电棒卷，将耳上的头发全部往外的角度缠绕烫卷。

STEP2
同样使用38mm的电棒卷，再将耳下的头发往内缠绕烫卷。

STEP3
将头发整体涂上卷发专用的发蜡，注意发蜡不要碰到头皮，再用十个手指插进耳下的发丝将头发打松，并由下往上撕开。

Finish!

mina cover look Part 5

柴崎 幸

Kou Shibasaki

精致高雅的柴崎 幸篇

优雅姐姐系
SHIBASAKI KOU

拥有精致立体五官的人气当红女星柴崎 幸，
在每部戏剧作品中都给人惊艳优雅的完美印象，
日本专业彩妆师多田亚树博为你详细破解
柴崎 幸的美丽秘密。

A 8小时防水眼彩笔 玛瑙黑
1.2g NT.700 SmashBox **B**
皇家英伦眼影盘 Warm Smoky
Eyes NT.1485 M.A.C

Eye 1 刷上亮咖啡色眼影底色

2 双眼皮褶刷上深咖啡色

4 戴上假睫毛

3 用黑眼线将细缝填满

1. 使用眼影毛质刷在整个眼窝打上一层自然的亮咖啡色眼影。
2. 使用眼影盘中的深咖啡色均匀涂抹在双眼皮褶处，并晕出自然的渐层感。
3. 再用黑色眼线笔仔细填满睫毛根部的细缝，眼线可依眼形稍微画粗。
4. 选择交叉浓密型的黑色假睫毛，剪裁至适合个人眼形后戴上。

5. 选择中型腮红刷蘸取适量粉红色腮红，于脸颊中央画圆。
6. 依照个人肤色选择抢眼的粉红色唇膏均匀涂在唇部，再涂上透明唇蜜。

5 刷上粉红色腮红

Lip

Cheek

C

6 涂上亮粉红色唇膏

Finish!

D

C 光灿唇蜜 Strawberry Fields 草莓园 8g NT.800/NARS D FALL 2010 漂染双色腮红盒 NT$1500/GIORGIO ARMANI

掌握优雅派的长直发关键
轻松改造
美丽女优全新印象

mina cover look part 6

宮崎 葵
Aoi Miyazaki

零距离感的**宫崎 葵**篇

好感度满分
MIYAZAKI AOI

给人无比亲切感，忍不住会想要再靠近一点的微妙感觉，
就是宫崎 葵的自然大眼所塑造的迷人魅力，
拿掉沉重的假睫毛和艳丽唇膏，
让你成为人见人爱受欢迎的女孩♪

A 魔睫心机超浓密防水睫
毛膏 7mL NT.799 ORIKS
B 皇家英伦眼影盘 Warm
Smoky Eyes NT.1485
M.A.C

Eye 1 很有光泽感的眼影底色

2 自然晕开的深咖啡眼影主色

3 细细的自然黑色眼线

4 纤长且根根分明的睫毛

1. 选择有小亮粉质感的浅咖啡色眼影，用毛刷大范
   围涂抹上整个眼窝。
2. 用眼影刷在上眼线处，描绘出2mm的深咖啡色
   眼影，令双眼皮褶自然晕开。
3. 使用眼线笔填补上下睫毛根部空隙，再用眼线液
   画出细细的上眼线尾端。
4. 先以棉棒将刚刚使用眼线液画好的眼线稍微晕
   开，再刷上纤长型睫毛膏。

5. 一定要选择粉肤色唇膏打底，使用唇笔涂上一层唇膏，比较不容易掉色。
6. 想要打造BABY水嫩感就绝对不能有唇纹，用亮泽感唇蜜完成整体水润感。

5 BABY感水润嫩唇

Lip

6 亮泽感粉红色系唇蜜

C 冰淇淋唇膏 Creme
Cup NT.600/M.A.C
D 玩色唇冻 EX04
3.2g NT.600/CHIC
CHOC

整体蓬松感
就是立体度出色的关键！

Chapter5

戏剧性的形象转变

ViVi STYLE
LUXURIOUS
CHANGE STAGE

纯真VS性感

Lovely & Sexy

绝对让男友充满怜爱的
纯真GIRL

总是令人百看不腻的纯真系彩妆
多田老师在这里公开模仿Lesson

自然不造作的眼影
裸妆感无瑕Baby唇

LOVELY

1. 选择带有细致小亮片的白色眼影，使用毛质眼影刷淡淡地在眼窝范围涂抹上一层。
2. 使用黑色的眼线液，沿着睫毛根部画一条细细的自然眼线。
3. 不能太俗气的红色，要选择介于淡橘和粉红之间的自然腮红颜色。
4. 最后一个步骤只要刷上唇蜜就可以了，仔细涂上Milky珠光婴儿粉唇蜜。

EYE

1 白底含亮片眼影

2 黑色自然眼线

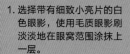

A 花舞爱恋颊彩粉
NT.1300/Jill Stuart

CHEEK

3 自然透嫩感腮红

LIP

4 珍珠光泽唇蜜

B 时尚焦点小眼影 雪精灵 1.5g NT.550/M.A.C
C 时尚腮红 CUTE 6g NT.720/M.A.C

POINT
多田老师绝妙的色彩搭配
让你成为人见人爱的Baby Girl

魅惑勾人电眼
丰润饱满性感双唇

给人强烈印象
性感VOGUE风格

时尚女孩们不可不知的Sexy Look，
唯有掌握适合的色彩才能提升时髦度！

1. 使用金色系咖啡眉膏，刷出立体眉形，眉尾稍微画长。
2. 在眼窝凹陷处用深咖啡色眼影来回描绘，加重眼窝的深邃感。
3. 剪下一段尾端加长的假睫毛，粘在眼尾1/3处。
4. 用黑色眼线液将粘假睫毛的痕迹修饰掉，在靠近睫毛根部上约2mm的细眼线。

EYE

POINT
关键在于整体配色，性感派的主意力集中在魅惑眼神和性感双唇的打造，特别应注意两者比例的协调性！

1 刷出立体眉形

3 眼尾加长的性感魅力

2 混血儿般深邃的眼窝

CHEEK

4 盖住假睫毛的痕迹

5 刷上橘红色系腮红

A 时尚焦点小眼影 Show Stopper 1.5g NT.550/M.A.C B 裸天使唇漾彩 2g NT.850/NARS C 高潮腮红 4.8g NT.950/NARS

LIP

5. 使用中等腮红刷，沿着颊骨斜刷上橘红色腮红。
6. 使用裸肤色的唇蜜，仔细涂抹于双唇，描绘唇线时稍微超出范围。

6 性感水润红唇

甜美VS帅气

Sweet & Coo

洋娃娃般甜美脸蛋
虏获他的心

甜美女孩一定要学起来的彩妆，只
选用白色系和粉红色系的干净色调
呈现，其他皆不需要的纯净感，就
是多田派的甜美守则！

好想亲一下的脸颊
柔嫩膨弹的少女唇

Point

让他动心的甜美娃娃妆，
多田派化妆术让你成为**上乘质感美人**！

Ⓐ 水凝漾色唇膏 粉红糖霜 2.5g NT.450/
ORBIS Ⓑ 光透宝石唇彩 #08 7.3mL
NT.820/JILL STUART Ⓒ 恋爱魔镜蜜糖
修容饼 草莓粉红 NT.260/SHISEIDO Ⓓ
妙巴黎口袋眼影饼 珍珠白 1.5g NT.380

1 干净纯白眼影

2 画圈刷上腮红

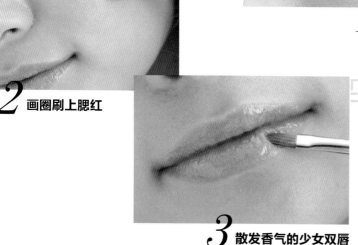

3 散发香气的少女双唇

1. 使用眼影刷蘸取适量银白色眼
   影，大范围地在整个眼窝处涂
   抹薄薄一层。
2. 混合蜜桃色和草莓粉红色的腮
   红，用腮红刷中刷以画圈方式涂
   在脸颊。
3. 用亮粉红色唇膏打底，再涂上
   适量透明唇蜜，甜美少女唇就
   完成了。

099

1. 使用适量暗金色眉粉或染眉膏，从眉头至眉尾仔细上色。
2. 在眼窝处大范围打上浅银色眼影，眉骨下方也可稍微提亮。
3. 在靠近睫毛处使用小眼影刷蘸取适量深银色眼影做出漂亮渐层。
4. 使用黑色眼线液仔细沿着下睫毛根部画出一条细细的黑眼线。

1 暗金色系眉毛

3 深银色眼影作渐层

2 浅银色眼影打底

Point

以绝对要走在流行尖端的心情，运用前卫的金色和银色于关键部位，现在就一步步剖析出帅气彩妆的步骤吧！

Ⓐ 极致渐层眼影盒 BK-1 4.1g NT.360/ KATE Ⓑ 焦点眉粉饼 BLINDE NT.320/ NYX Ⓒ 黑炽玫瑰经典条纹修容饼 #06 6g NT.1980/SONIA RYKIEL Ⓓ 3D微整型光感唇蜜 NC08 6.5g NT.950/IPSA

CHEEK

4 帅气黑色下眼线

5 橘色腮红修饰脸型

5. 使用中型腮红刷在颧骨处打上倒三角形的橘色腮红。
6. 有了引人注目的双眼，唇部就只需要使用肤色唇膏和唇蜜来完成裸唇即可。

6 基本裸色系双唇

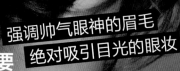

强调帅气眼神的眉毛
绝对吸引目光的眼妆

BE MYSELF 我就是要
引领流行革命

将帅气感淋漓尽致地展现，多田派的帅气风格彩妆大
胆使用金银两色，一定会让你成为时髦焦点！

可爱VS利落

Cute & Neat

EYE

1. 使用带亮片的白色眼影，于眼窝处涂抹薄薄一层的自然眼影。
2. 使用黑色眼线液仔细连接睫毛根部，画出自然黑色眼线。
3. 选择亮粉红色在两颊中间画圆，并轻轻点缀鼻梁中间。
4. 均匀涂上能遮盖原本红润唇色的浅粉红色唇蜜。

1 白色眼影打满眼窝

2 超自然的眼线

CHEEK

LIP

3 自然红润感腮红

A 皇家英伦好气色色盘 Pink NT.1350/M.A.C B 月光魅影魅力幻彩巧妆盘 #1神秘月光 4.5g NT.1900/GIVENCHY C All in one亮彩膏 Luxor永恒之光 14g NT.1300/NARS D 立体丰唇蜜 BE-56g NT.350/KATE

4 可爱粉嫩双唇

*P*OINT

太过做作的可爱感已经 OUT！
快来CHECK日系原创的
自然可爱彩妆步骤！

多田派彩妆让
可爱度满点 ♥

想要一口气提升可爱度，除了服装搭配
很重要外，彩妆品的色系选择也要注
意，快来看看日系彩妆的独特魅力吧！

可爱红润的脸颊
甜美自然的眼妆

CUTE

性感风格棕眉
冷艳时髦猫眼

利落性感GAL
红唇风潮
时髦出演

ViVi女孩最爱的感系彩妆X
本季绝对流行的红色双唇！

1 性感浅棕色眉形

2 大范围银色眼影

4 DOUBLE性感猫眼

1. 刷上浅棕色眉粉带出性感眼神，既时髦又能使眼妆更突出。
2. 将毛质眼影涂于整个眼窝，均匀涂上银色带细小亮片的眼影。
3. 选择黑色眼线液从眼头至眼尾描画，并于眼尾处拉长加粗。
4. 先戴上一副完整的假睫毛后，再于眼尾1/3处重复戴上一小段纤长型睫毛。
5. 使用黑色眼线笔于下眼睑内从眼头至眼尾描绘下眼线。
6. 先用正红色唇膏涂抹在嘴唇中央，再使用红色唇蜜描绘整个唇形。

3 黑色猫眼眼线

5 帅气的下眼线

A 翘睫公主系列-浓密01(性感猫女) NT.99/Wee'p B 纯粹晶瞳眼影盒BK-1 3g NT.400/KATE C Maquilloge 微晶蜜口红 BE790 6g NT.820/SHISEIDO D ESPRIQUE PRECIOUS 幻妆 极细眼线液 BK001深邃浓密黑 NT.680/KOSÉ

6 大肆流行的红唇

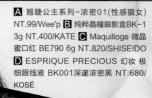

POINT
只要学会利落时髦彩妆，就能摆脱原本乖乖牌的无聊感，变身为令人惊艳的帅气美人！

简单VS奢华

Lovely & Luxur

1. 选择带有珍珠光泽感的白色眼影，使用毛质眼影刷大范围涂抹于整个眼窝。
2. 使用眼影棒同样把珍珠白眼影重复涂抹于双眼皮褶处，打造自然渐层感。
3. 依据自己肤色来选择粉红到粉紫间的色系，以横椭圆形手法大面积涂抹。
4. 如果唇线较为明显可用粉扑稍微上粉遮盖，再均匀涂上透明唇蜜。

EYE

1 刷上珍珠白眼影

2 双眼皮褶处重复涂抹

CHEEK

3 刷粉色系少女双颊

LIP

4 透明唇蜜打底

A 潮·巴黎玫瑰修容盘 NT.1500/LANCOME
B 时尚焦点小眼影 雪精灵 1.5g NT.550/MAC
C 极致深邃大眼睫毛膏 NT.1100/CHANEL
D 晶莹闪亮唇蜜 粉肤 NT.195/NYX

NYX ♥ Girls Gloss

9.50g/Net wt.

POIN

让人好想靠近的简单日系彩妆，整体妆容的**纯净度是关键！**

自然简单的彩妆风格
也能带出甜美气息

以自然风格为主调，营造没有距离感的自然
简单系彩妆，衬托浪漫女孩气息♥

净简单的眼妆
自然红润的双颊

LOVELY

ViVi女孩最爱的
耀眼奢华名媛风
善用修容技巧，轻松简单地画出精致又深邃的美丽五官！

深邃华丽大眼
立体细致脸型

EYE

1 刷上浓厚咖啡色眼影

1. 在全部眼窝范围使用毛质眼影刷，涂抹上深咖啡色系眼影。
2. 运用细眼影棒同样使用深咖啡色眼影，在双眼皮褶处重复涂抹。
3. 使用金黄色亮片眼影，于眉骨下方提亮，打造出混血儿般的深邃大眼。
4. 想要拉长眼形打造性感华丽大眼，就要选择眼尾处特别加长的假睫毛戴上。
5. 选择橘红色系腮红，在颧骨处以画三角形的方式用中型腮红刷涂抹。
6. 使用介于肤色与咖啡色间的色系修容饼，在发际及腮帮处做阴影处理。

2 双眼皮褶处加深

3 金色系眼影提亮眉骨

4 戴上眼尾加长的假睫毛

CHEEK

5 修饰脸形腮红

6 修出小脸效果

POINT

全部以焦糖色系为主的华丽彩妆，不论搭配任何色系服装都不突兀，反而使名媛柔美奢华感更有分量！

113

无辜VS狂野

armless & Wild

EYE

1 淡淡金黄色眼影

2 褐色双眼皮褶

LIP

3 银白色内眼线
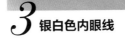

4 自然柔嫩双唇

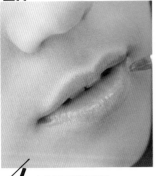

1. 使用毛质眼影刷蘸满浅金黄色眼影后弹掉多余的粉末，以余粉涂抹整个眼窝。
2. 使用浅褐色眼影于双眼皮褶处，涂抹上明显的颜色加强立体感。
3. 在下眼睑处描上银白色眼线，增加眼部面积，创造圆形大眼印象。
4. 只运用粉红色的唇蜜来点缀双唇，就是最自然可爱的。

A 黑炽玫瑰眼部饰底膏 2g NT.980/SONIA RYKIEL

B 唇彩蜜冻 16mL NT.660/JILL STUART C COFFRET D'OR 3D晶漾光彩眼盒 NT.1240/Kanebo D 星空幻彩烟熏笔 纯洁白 NT.260/BeautyMaker

POINT

温和无害的动物感妆容，无论任何季节都是最适合恋爱的约会彩妆！

小鹿般

令人想要好好保护

宛如初生小鹿般的无辜大眼，就是这个妆容最重要的彩妆重点！
让他对你产生强烈的保护欲吧♪

小鹿般无辜大眼
自然柔嫩双唇

修饰出立体脸型
性感丰盈双唇

辛辣度再提升！

无法掩饰的
狂放不羁

令人视线无法移动的辛辣感，想要即
刻凝聚众人目光就一定不能错过！

1. 使用毛质眼影刷轻扫深咖啡色眼影，并涂抹于整个眼窝。
2. 选择咖啡色系眉笔从眉头开始描绘至眉尾，眉头不需加重。
3. 在睫毛根部使用黑色眼线笔画上一条稍粗的黑色眼线。
4. 取一对假睫毛并量好眼长，剪下1/2从眼中至眼尾戴上。

EYE

1 轻刷深咖啡色眼影

2 细长咖啡色眉毛

3 粗黑色眼线

4 戴上1/2副假睫毛

CHEEK

5 运用橘色修容

LIP

6 唇笔+唇蜜描绘出唇形

POINT

根据不同妆容来调整最适合的眉形，就是日系彩妆中的关键，整体妆感的色彩搭配也能传递你想给人的印象。

A 双用立体眉彩笔 NT350/KATE **B** 俏女孩蕾丝眼采霜 BR01 2.5g NT.6000/ CHIC CHOC **C** 琉光修容 EX-02橘 2.6g NT.1450/RMK

5. 根据肤色选择较深色的修容饼沿太阳穴→脸颊→腮帮处刷上。
6. 先使用橘红色唇笔描绘出唇线，再涂上亮肤色唇蜜。

成熟VS俏皮

LOVE & Lively

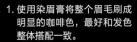

1. 使用染眉膏将整个眉毛刷成明显的咖啡色，最好和发色整体搭配一致。
2. 在整个眼窝位置，用毛质眼影刷淡淡涂抹一层亮咖啡色系眼影，制造自然深邃感。
3. 运用斜刷的手法，使用中型腮红刷在颧骨处刷上自然的橘色MIX粉红色的腮红。
4. 先擦上粉红色的唇膏，再涂上一层透明的唇蜜，最自然的唇妆就大功告成了！

EYE

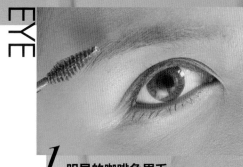

1 明显的咖啡色眉毛

CHEEK

2 亮咖啡色眼影

A 绝色魅瘾 彩虹甜心眼影
限定色BE399 3.5g NT.390/
INTEGRATE

3 斜刷浅橘红色腮红

LIP

4 自然透亮双唇

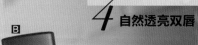

B 光灿唇蜜 downtown闹区
6.25g NT.850/NARS C 无限
延伸极长睫毛膏 3.5g NT.330/
Lavshuca D 完美脸色立体修容盘
5g+2.7g+7.3g NT.1700/NARS

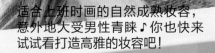

适合上班时画的自然成熟妆容，意外地大受男性青睐♪你也快来试试看打造高雅的妆容吧！

自然淡褐色眉形

完美诠释优雅Lady系 斜刷成熟感腮红

成熟女人味

不少男性憧憬的女性形象，是非常具有婉约女人味的♥这里为大家示范的是属于刚刚好的成熟度！微微的卷发加上细致的妆容，就能自然展现成熟女性的魅力。

充满趣味感

LOVE俏皮甜心

大胆地在穿搭或是在彩妆部分加上自己喜欢的色彩和元素，这就是俏皮派GIRL的可爱秘诀，只想好好玩乐一番~这样轻松有趣的氛围，令身旁的人都能感染愉悦的心情

好奇般晶亮大眼
莓果甜蜜红唇

1. 在整个眼窝涂上适量咖啡色眼影，注意眉峰下面不要刷上眼影。
2. 使用小眼影刷于双眼皮褶的部位重复叠上黑色眼影，打造出深邃大眼。
3. 使用黑色眼线笔，在睫毛根部从眼头至眼尾画上一条粗细适中的黑色眼线。
4. 先戴上一副完整的上睫毛，再于眼尾重复戴上1/2的假睫毛，下睫毛也要在尾部重点装饰两根下睫毛。

EYE

1 涂抹上咖啡色眼影

2 再叠上黑色眼影

3 画上黑色眼线

4 戴上上、下假睫毛

CHEEK

5 刷过鼻梁的腮红

LIP

6 涂可爱红莓色系唇膏

POINT

晶亮有神的眼睛加上红润双唇，仿佛对所有事物都充满好奇！朝这个方向打造俏皮妆容就没错。

A 时尚睫毛组N 05 (透明梗) NT.450/RMK B 星钻美形舒芙蕾眼彩 NT.1050/SOFINA C ESPRIQUE PRECIOUS 绚染颊彩棒 NT.900/KOSÉ D 水感女神 光彩之吻蜜唇膏 (限量版) #02光彩珊瑚 4.5g NT.380/ETUDE HOUSE

6. 使用重粉红色的腮红，从左边颧骨开始画圆然后轻刷过鼻梁再带到右边颧骨。
6. 先用莓果般色彩的红色唇膏打底，再涂上一层亮亮的透明唇蜜就很可爱。

125

Chapter6

人气美妆小物

全面公开

LOVE
COSME

A 漂染双色腮红盒 NT.1500/GIORGIO ARMANI B 惊绽旋风浓翘睫
毛膏 NT.390/L'OREAL PARIS C 创艺无限眼影 蕾丝烟熏色 参考价格/
shu uemura D 俏女孩蕾丝眼采霜 GD02 2.5g NT.600/CHIC CHOC

A LUNASOL 晶巧光灿眼盒(海景) 贝壳棕 NT.1800/Kanebo B 眼线刷 NT.680/JILL STUART、绚色眼线胶 NT.750/JILL STUART C 黑炽玫瑰双色眼影 02 2.0g NT.1080/SONIA RYKIEL、黑炽玫瑰双色眼影 09 2.0g NT.1080/SONIA RYKIEL、黑炽玫瑰双色眼影 10 2.0g NT.1080/SONIA RYKIEL D 潮·巴黎玫瑰修容盘 NT.1500/LANCOME

E 月光魅影 魅力幻彩腮红盘 #41 绚光粉红 7g NT$1600/Givenchy **F** 飞翘纤修护型美容睫毛膏 NT.360/INTEGRATE **G** LUNASOL 净透水漾蜜唇膏 NT.1000/Kanebo **H** 柔矿迷光宝石光系列 宝石光腮红 3.2g NT.880、宝石光炫彩饼 6.5 g NT.1100/M.A.C

A 豌豆双效身体保湿滋养霜 NT.880/The Body Shop **B** 活润透白瞬效淡斑精华 15g NT.2380/ALBION **C** 顶级保湿碳酸泡沫慕斯 150g NT.380/肤蕊 **D** 晶亮白 双拉提面膜 7入 NT.299/Sophie Monk **E** 樱花修护精华液 50mL NT.1200/CHIC CHOC **F** 高效防妆前乳 粉红版 SPF30 PA+++ 30mL NT.1600/GIORGIO ARMANI

G 水漾甜心护唇冻−蜜糖诱色 15mL NT.600/CLINIQUE H 橙香保湿雪酪 30g NT.1000/ORBIS I 健康面膜 11mL 8入 NT.1200/ALBION J 全新完美聚焦冰镇亮眼精华棒 NT. 2200/Estee Lauder K 健康化妆水 165mL NT.1800/ALBION

Chapter 7

SKINCARE & MASSAGE

日本女孩的

完美小颜
肌密

提升"素肌力"的正确卸妆技巧

Check!!

1

2

3

重点彩妆使用
专用的卸妆产品来卸除

卸妆就是肌肤干燥风险最高的一个阶段。摩擦最容易伤害肌肤，因此绝对不要用力搓揉而应以轻抚肌肤的方式来涂抹。特别是眼周部位的肌肤较薄，要以和整脸不同的专用卸妆品来卸除。

以近似人体温度的温水擦拭
或冲净是原则

如果觉得用热水更能立即清洗掉滑溜的卸妆品，那就大错特错了！因为热水会随着卸妆品，将肌肤表面需要的油分一起夺走。冷水则不容易将卸妆品冲洗干净，因此使用接近人体温度的温水是最好的选择。

洗面乳彻底起泡后再接触肌肤

因为想要节省时间而直接将洗面乳在上搓泡，摩擦以及洗净成分只会造成脂的流失，重要的污垢反而没有清除因此应在感觉黏腻的肌肤部位放上沫，轻柔按摩使污垢和泡沫融合后净，便能彻底清洁。

洁面产品
要依照**肌肤类型**
与容易起泡度
来挑选！

Q 泡泡类型——
各种肤质适用

以温和的泡沫温柔洗净，不太会搓泡泡的人就用这款。
橙香洁面泡芙 150mL NT.820/ORBIS

Q 肥皂类型——
干燥肌与敏感肌

柔软具黏着感的独特泡沫，选择不添加界面活性剂与低刺激性就是正解。
海洋矿物 100g NT.900/IPSA

Q 霜状类型——
各种肤质适用

能够打出具有弹力、宛如乳霜般的泡沫，就能实现纹理细致的美肌。
卸妆按摩霜 250g
NT.270/肤蕊

Q 颗粒类型——
痘痘肌适用

容易长痘痘的肌肤、容易干燥脱皮的肌肤，就用颗粒类型洁面产品，帮助留住滋润。
抗痘柔珠洗面乳 NT.135/Acnes

Tips

每日以正确的肌肤清洁方式
来实现未来水润明亮的美肌

婴儿感、弹力肌——
养成步骤Step by Step

妆感不服帖、毛孔粗大、泛油光、细纹……
这些问题的原因都是"水分不足"！

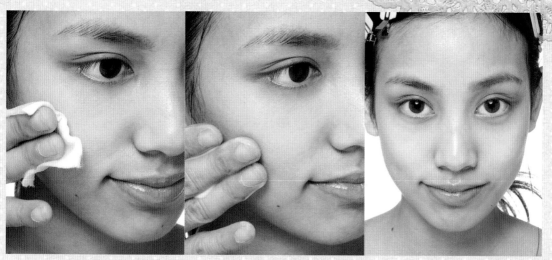

1 先用化妆棉涂在整个脸部

使用略带浓稠感的类型，用化妆水将化妆棉整个浸湿，温柔抚摸肌肤般轻涂在脸上。

2 第二次用手掌大量涂抹上去

用化妆棉擦拭整个脸部后，倒取聚集在手掌凹陷处的量，用四根手指按压涂抹，并以手掌温度按摩整个脸部。

3 Check! 检查滋润状态

脸颊和太阳穴的肌肤像是敷过面膜般镇静与丰盈水润的话就OK了！感觉不足的话就再追加涂抹化妆水。

A 特级保湿 无油清爽化妆水 250mL NT.750/KIEHL'S **B** 角质发光液1号 150mL NT.1250/IPSA **C** 水原力化妆水 180mL NT.630/ORBIS

Point

4 选择适合自己肤质的面膜

将面膜片仔细且紧密地贴在肌肤上10分钟，这样就能明显感觉到肌肤充满水分了。

D Revital 高渗透拉提面膜EX 6片 NT.3900/SHISEIDO **E** 水活修护面膜 3片入 NT.700/FANCL

5 干燥的唇部也以大量保湿来呵护

唇部严重脱皮时，不要勉强把皮剥掉，必须先涂抹大量的护唇膏软化脱皮后，再轻轻地清除。

F 魔唇唇部按摩精油 NT.150/THERAPIND **G** 敏感话题润唇蜜 NT.550/SHISEIDO **H** COFFRET D'OR/樱花Q唇晶 NT.630/Kanebo

多田派　妆前按摩美颜术

Magic Massage

通过按摩淋巴结排除脸部多余的水分、促进血液循环，
让轮廓线条紧实细致并透出红润气色

头皮

指腹圆形移动按摩头皮，舒缓神经的同时放松肌肤。

2 中指与无名指从额头中间开始向左右两侧的太阳穴滑压。

额头

眉

3 以眉心为起点往太阳穴方向滑压，并在太阳穴处停留按压3秒。

针对脸部不同范围施以不同力道、方向的按摩手法，在妆前一步为肌肤打下良好的基础！

按摩美技
Massage

Ⓐ

轮廓

6 自下巴沿着脸的轮廓线由下往上滑压，最后轻压耳下凹陷处。

眼

脸

4 大拇指点压眉骨，约分为五等份延续至太阳穴位置。

5 大拇指按压颧骨下方直至有微酸感为止。

部位别！
Special 完整示范

Check!!

颈

锁骨

8 顺着耳下凹陷处往颈部淋巴结至锁骨轻抚按摩，完成按摩过程。 **B**

A 保湿活肤精华 200mL
NT.1800/Estée Lauder
B 精质乳霜la creme
30mL NT.17500/
ClédePeauBeauté C
顶极保湿水凝胶 80g
NT.480/肤蕊

7 指关节目耳后顺着颈部滑压至锁骨，轻压淋巴结排毒。

Finish

带走水分完成排毒，肌肤自然明亮红润。

BASIC MAKE

STEP BY STEP

完整上妆技巧 多田派

1 从上眼睑的眼头开始用刷子将眼影往眼尾推开，在眼睑部位涂满能够散发自然光泽的金色珠光，调整色差创造均匀肤色。

2 使用棉花棒将深咖啡色眼影晕开，使色彩渐层更自然，创造深邃感。

3 靠近睫毛根部处以眼影棒蘸取深咖啡色眼影，沿着眼周轮廓左右来回移动画上阴影色。

4 再次以眼影棒蘸取深咖啡色眼影，在睫毛根部处的眼际画上细线让眼神更加明亮。

5 选择黑色眼线笔填满眼线部位，尽可能往睫毛的根部画，呈现出明显的眼形。

A 限定版纯色渐层眼影盒 BR-2 NT.450/KATE B 8小时防水眼彩笔 玛瑙黑-1.2g NT.700/smashbox

146

6 画好的眼线以棉花棒在睫毛边缘模糊晕染呈现阴影，要注意不能破坏了眼影色彩，避免眼妆看起来不干净。

8 高光色从眼头开始向后刷至瞳孔下方，眼头看起最亮就能让妆容显得有精神。

7 使用上眼影的阴影色填补于下眼睑的眼缘处，借由光泽与色彩营造自然阴影。

C 樱の美姬眼采霜 2.5g
NT.600/CHIC CHOC

D DESPRIQUE PRECIOUS 幻妆
极细眼线液 NT.680/KOSÉ
E 魔法纤长睫毛膏 6g
NT.780/CLINIQUE

9 将睫毛的毛流整
理好后，用睫毛
夹夹翘。

10 睫毛夹反拿，仔
细地将下睫毛也
做出卷翘度。

11 睫毛夹翘后，使用眼线液将睫毛根部的
缝隙彻底填满，让眼线更加完整。

12 睫毛膏的刷头左右方向小幅度移动，一
边刷开睫毛一边向上延伸定型。

13

刷好睫毛膏后，以烫睫毛器创造自然卷翘弧度，并带走重复叠刷时产生的结块。

14

为了将下睫毛刷开，刷头要改以垂直方向来回，并一边刷一边将睫毛的方向定型。

15

眉毛先以眉粉轻轻刷过，填补过多的空隙并带出色彩。

F 魔幻蝴蝶眉粉盒 5g
NT.870/anna Sui

F

16

再以眉笔确实描绘出眉峰的位置与角度，勾勒出线条。

17

眉刷轻轻扫过描绘过的眉毛，让边缘自然晕染并带走多余的眉粉。

18

染眉膏先轻轻逆着毛流为眉根与眉毛内侧上色，再顺着毛流在眉毛表面刷上颜色。

19

眼下三角蘸取高光色轻柔地提亮，呈现出脸部的立体感。

G 月光之舞限量修
容饼 #01 NT.1100/
PAUL&JOE

20 T字部位也使用同样的高光色提亮，注意要停止在鼻梁中段，不要画到鼻头。

21 在脸颊的高处以画圆方式刷上腮红，只要在浅色腮红后叠擦上较深的颜色，就能呈现渐层立体感。

23 以护唇膏为唇妆打底，不使用唇膏的彩妆更能呈现自然感。

24 叠擦上唇蜜让唇纹变得不明显，并营造膨润感，中间涂的比边缘多是关键。

22 将腮红的余粉在下巴处再次涂刷，让整个脸型更有立体感。

Perfect

自然无瑕的服帖妆感
纯净度就是决胜关键 ☆

完整·发妆
plus 实现 极致美感

纳米离子吹风机EH–
NA30 NT.3290/
Panasonic

1 将头发内卷一圈后，吹风机距离约5cm垂直
往下移动，发尾处停留吹5秒后将头发顺顺地
放下。

Point 从发中高度开始吹，并将发丝确实梳顺后再
吹整才是关键！

护发精华(免冲
水) 60mL NT.190/
Essential

2 吹整侧发时梳子倾斜45°，从发中开始往
发尾方向吹，吹至发尾时稍微往内转动停
留5秒。

3 最后以护发精油为秀发补充养分，发丝不毛
躁且闪耀亮泽光芒。

Shining!

Chapter9
UPGRADE
MAKE UP & HAIR
ARRANGE

进阶型发妆教学

眼 EYES POINT

使用黑色眼线笔填满睫毛根部后，再将睫毛上侧的空隙也填满。这个时候将眼皮轻轻往上提，不是用画线而是以填色的感觉去完成。

下眼线选择深咖啡色可以让眼白更明亮，描绘睫毛根部后，眼尾范围加粗，再以棉花棒晕开并清除脏污即可。

颊 CHEEK POINT

从脸颊最高的位置横向涂抹腮红，接着在下方描绘U形弧度，最后在颧骨中心描绘小小的圆圈就能呈现出淡淡的红润气色了。

唇 LIP POINT

涂上一层薄薄的唇膏后，再以唇蜜刷出甜美的光泽感，并以遮瑕膏修饰嘴角轮廓，提升妆面的整洁度。

内双女孩的大眼睛
激变方程式

咖啡色眉彩×黑色眼线

Back

发 HAIR POINT

好感度超群的美人感中长发，整齐的发尾成为了关键。I字形的微变化长发有自然律动的有魅力，从肩膀开始修剪出低层次便能产生空气感及束感，完美凸显五官的立体轮廓。

Side

脸部周围加入层次感看起来非常清爽，能够让容易看起来一成不变的中长发产生新鲜感。顶部和脸部周围修剪出层次，表面的头发变得更轻盈，就能呈现圆弧的弹性抛物线。

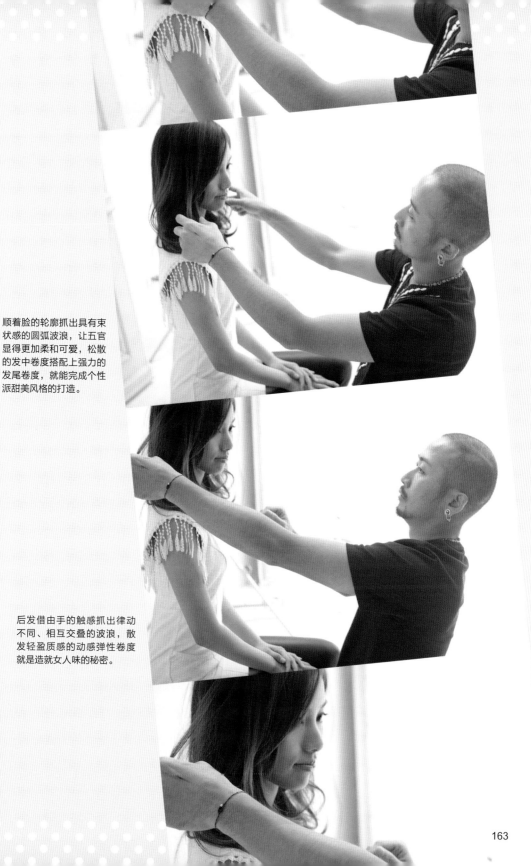

顺着脸的轮廓抓出具有束
状感的圆弧波浪，让五官
显得更加柔和可爱，松散
的发中卷度搭配上强力的
发尾卷度，就能完成个性
派甜美风格的打造。

后发借由手的触感抓出律动
不同、相互交叠的波浪，散
发轻盈质感的动感弹性卷度
就是造就女人味的秘密。

清爽裸妆NUDE

不经意的深邃眼神魅力
大地色系
自然妆感

眼 EYES POINT

2 在眉峰下方骨架高耸的位置刷上金色提亮

3 在睫毛生长的眼皮边缘从眼头至眼尾一点一点地描绘出纤细眼线

1 眼窝与下眼皮都刷上棕色眼影

A LUNASOL 晶巧浓翘睫毛膏 8g NT.1050/Kanebo **B** 浓情睫毛底膏 4.5g NT.500/smashbox **C** 星空幻彩烟熏笔【纽约限量系列】墨黑 NT.260/BeautyMaker **D** 单色眼影 伊楚西亚etrusque 3g NT.750/NARS

4 大量地刷上打底与睫毛膏

5 眼尾要以滑动的方式重复刷上睫毛膏

Finish!

颊 CHEEK POINT

从颧骨最高的位置起，将腮红像画圆一样慢慢地刷开。

将余粉甩掉后，将腮红从周围晕开与肤色连接，妆感更自然。

E 玩色晶采修容饼 肉桂
3.9g NT.380/ORBIS

唇 LIP POINT

在唇中央涂上唇蜜打造圆润而有分量感的嘴唇，并仔细画出唇峰轮廓。

涂到嘴角时，只用剩下的少量唇蜜就够了，注意不要涂到轮廓外面。

F 黑炽玫瑰光诱唇膏 #30 4g NT.1280/
SONIA RYKIEL

内侧头发以圆形发梳内卷吹顺，营造自然的波浪弧度。

外侧头发选择36mm的电卷棒创造自然的柔和卷度，混合前卷和后卷交错的螺旋式卷法，完成一层层的堆叠。

用圆梳将刘海吹成柔和的内卷，为了避免发根翘起来，只以发尾侧卷入吹整。

运用造型品创造润泽丰盈的发尾，分量感波浪非常惹人喜爱♥

G完美轻盈发冻轻巧瓶(卷发) / SALA

眼 EYES POINT

A 假睫毛 #03 NT.500/JILL STUART B 时尚睫毛组N #04（透明梗）NT.450/RMK

1 金棕色从眼际开始涂到整个眼窝，深棕色涂在眼窝一半的位置制造自然渐层。

2 以细致眼线填满睫毛根部，眼尾稍微拉长，画上闭眼时呈现直线的延伸眼线。

3 眼黑上往正上方，眼尾处往外延伸，一边刷睫毛一边将其整理成扇形。

C 黑炽玫瑰双色眼影 #02 2g NT.1080/SONIA RYKIEL D 3D微整型眼线液 黑 0.4mL NT.650/IPSA

4 上眼皮整体戴上全副式假睫毛，眼尾处重叠戴上半副眼尾加长型假睫毛。

168

强势**性感女星**氛围

融入Retro Style
完成华丽**辛辣**造型

颊 CHEEK POINT

靓丽色的腮红稍微从内侧刷入，画太浓的话会看起来孩子气，因此一层一层地重叠刷上去是重点。

E 魔幻花语修容盘 10g NT.580/MISSHA

唇 LIP POINT

F Maquillage 微晶蜜口红 RD79
6g NT.820/SHISEIDO

以护唇膏为唇妆打底改善唇纹与脱皮后，将唇膏涂满整个唇部。重点是先描绘出轮廓再将内侧涂满。

使用眼线液在嘴角下方点上一颗性感指数激升的复古仕女痣。

将唇蜜重叠涂抹在嘴唇上，务必仔细涂抹才能创造持久光泽。

1 将头发分为前发、中发与后发。

2 后发分成4束后圆形卷起，收成发髻。

3 依序将发束固定卷上后，调整出均匀蓬度。

4 侧发以逆时针方向旋转后固定于太阳穴后方。

5 左右两侧固定至同样的高度，创造平衡感。

6 前发改以顺时针方向旋转后蓬松固定，完成复古发型。

发 HAIR POINT

1 将后头部头发与刘海一样中分为两束,以麻花辫的方式仔细编成松柔的发辫。

2 一边用手固定住已完成处,一边从麻花辫中随性抓出发量创造分量感。发尾留长一些,用发圈扎起来。

3 选择与发色相近的波西米亚风发饰为造型增添异国风。位置要在太阳穴上方约3cm处才不会使脸看起来太宽或太短。

运用浓郁的秋季色彩

完成具有冲击性的异国风造型

将高光涂在眼头、下眼皮前1/2范围与眼窝中央，这样做能使平坦的眼皮拥有自然立体感。

眼 EYES POINT

1 使用深色质感的金棕色眼影涂满眼窝后，在眼眶边缘重复叠涂增添深邃感。

2 下眼皮重视眼尾部分，略过眼头，在眼尾重点上色，以增加阴影感。

A 星钻美形舒芙蕾游色盘 #04限定发售 NT.1500/SOFINA

颊 CHEEK POINT

B ESPRIQUE PRECIOUS 月恋美颊彩 NT.780/KOSÉ

顺着颧骨下方的凹陷将腮红画出锐角。

像是包住腮红一样，在颧骨的高处与凹陷处的下方刷上高光色。

唇 LIP POINT

重叠涂抹上唇蜜，先用唇棒仔细描绘轮廓，再整个均匀涂满。

以护唇膏充分滋润双唇后，随意地擦一下唇膏。重点是要保持轮廓模糊的感觉。

C 滋养修护润唇膏 NT.350/La Roche-Posay D 新又凸又翘护唇蜜 5.7mL NT.370/BOURJOIS

发 *HAIR POINT*

2 将卷发随性地吹整出动感，用手指梳开拨松后用发蜡做出轻盈发束。

1 除了刘海以外的头发，都以32mm电棒卷绕至耳朵高度，卷出内弯的弧度。

3 用圆梳将刘海吹成柔和的内卷，为了避免发根翘起来，只以发尾卷入吹整。

打造层次丰富且
华丽闪耀的时髦脸庞

慵懒却充满极致魅力的眼神

眼 EYES POINT

1 眼尾制造阴影画出深邃感，眼头则以高光色创造余白。

2 延着睫毛生长的边缘描绘细长眼线，眼尾以自然的角度稍微拉长。

3 将睫毛膏从根部刷起，并强调下睫毛的存在感，以此消除浮肿感。

4 将假睫毛修剪成眼睛一的长度，贴在后端，创…大眼效果。

A ESPRIQUE PRECIOUS 幻妆 极细眼线液 BK001深邃浓密黑 NT.680/KOSÉ B 柔雾调色眼彩盒 3.8g NT.380/FASIO

颊 CHEEK POINT

唇 LIP POINT

边描绘边注意圆弧感，画出浑圆的唇部轮廓，重复叠擦唇蜜强调出厚度。

脸颊就利落的刷上腮红，从最高的位置开始，像是修容般往斜上方晕染。

C 柔矿迷光宝石光腮红 3.2g NT.880/M.A.C

主角级过人存在感

充满韵味的细长眼眸
展现时尚品位

眼 EYES POINT

魔霓晶绽四连拍好色
彩盘 #09水感女神限量
6.9g NT.480/ETUDE **A**
HOUSE **B** 8小时防水眼
线笔 玛瑙黑 1.2g NT.700/
Smash Box

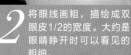

1 创造眼皮阴影后，在眼头凹陷处与眼皮边缘赋予明显的阴影。眼头晕染的范围要比双眼皮宽一些。

2 将眼线画粗，描绘成双眼皮1/2的宽度。大约是眼睛睁开时可以看见的粗细。

颊 CHEEK POINT

C 黑炽玫瑰经典条纹修容饼 #06
g NT.1980/SONIA RYKIEL

渐层颊彩用腮红刷轻抚过，弹去多余粉末、均匀混合后，淡淡地刷在脸颊微笑时隆起的三角部位。

唇 LIP POINT

E 蔷薇璀璨唇蜜 耀眼
霓金 7g NT.750/Anna
Sui **F** 极致水感持
色唇膏 BE-34 2.4g
NT.350/KATE

先用唇膏在上唇稍微描绘出轮廓，下唇则延着弧度涂上唇膏。唇蜜涂擦在上唇的唇峰轮廓线上，就能打造丰盈效果。下唇只涂在中央维持纯净感即可。

发 *HAIR POINT*

1 将下层后发分为四等份，垂直拿电棒，以左边两束往右内卷、右两束往左内卷的方式为内层卷度好基底。

2 将上层头发放下来，同样分为四等份，电棒改以45°角的拿法，将左边两束往右内卷、右边两束往左内卷，创造出内→外、上→下都富有层次的华丽卷度。

3 轮廓左右两侧的头发分为上下两层，下层电棒以↘方向内卷约2圈，上层则以↗方向内卷1圈半。

Finish!

4 完成头发卷度后，先将束状发丝撕开，避免太过整齐的不自然卷度，并用发蜡将发中至发尾均匀揉捏，让头发更显立体丰盈且绽放光泽、弹性持久。

Chapter 10

BACK STAGE

多田亚树博个人档案&幕后花絮

♥ **表参道沙龙界代表人物——多田亚树博**

♥ **日本女明星御用发妆师**
合作艺人——泽尻英龙华、加藤爱、星野亚希、苏珊娜等

♥ **杂志出演**
JJ、CanCam、ViVi、Ray、With、S Cawaii!、Cawaii、Oggi、ar、Glamorous、PREPPY、Men's PREPPY、Hi PREPPY、デザインカット、ヘアーモード、美容と経営、女性自身、周刊女性、*TOMOTOMO*等

♥ <u>**TV出演**</u>
テレビチャンピオン（两年连续优胜）
电视冠军（连续两届发型彩妆美容师　冠军）
日、韩、中合同ヘアーショー
日韩中三方合作HAIR SHOW
东京カワイイ★TV
东京Cawaii节目
东京テレビランド
东京TV LAND节目

MAGICAL

奇迹 美女

多田
亚树博

最强彩妆 变身术 发型Bible

亲爱的读者你们好吗?

我想天底下没有一个女孩不希望自己每天美美地出现在大家面前

只是现代人多数都过着被时间追赶的日子

因此也无心花时间慢慢地雕琢自己的美丽……

但矛盾的是，大多数人又会被充满活力又有朝气的女孩所吸引

所以如何"变身"，例如换一种与平日稍稍不一样的妆容以及发型

让人留下较深刻的印象，也就成为女孩们必学的一大课题了!

凡事起头难

虽然刚开始比较难下手，但如果习惯尝试不同的彩妆、不同的发型

或许也能从中找到全新的自己!

勇于改变自己、找到属于自己的style也能获得他人的赞赏

相辅相成之下，我相信女孩们一定也能更有自信和魅力!

因为我始终相信，只要相信自己的魅力

总有一天丑小鸭也会变成天鹅!

建议想要摆脱疲惫肌，让人觉得每天都健康快乐、充满朝气的女孩们

不妨试着先从自己的发型、妆容以及衣着等生活中的小细节开始改变!

我相信这世界上绝对不会有你不适合的事

只有你不敢去尝试的事!

就让我们一起奋力创造出绝无仅有的精彩人生吧☆

内 容 提 要

本书从实现完美彩妆的三大基础——肤质、眉形、底妆技巧讲起，分别介绍了适合约会的费洛蒙彩妆、东京最时髦的发妆及人气女星最爱的发妆造型等等，让读者了解完成这些彩妆造型的全过程，全书涵盖彩妆与发型，可以说是一本妆容宝典。本书图文并茂、步骤详细，即使足不出户也能了解到东京最具人气的妆容。

原文书名：奇跡美女變身術
原作者名：多田亚树博
©青文出版社股份有限公司，2011年
本书中文简体版经青文出版社股份有限公司授权，由中国纺织出版社独家出版发行。本书内容未经出版者书面许可，不得以任何方式或任何手段复制、转载或刊登。
著作权合同登记号：图字：01-2012-7432

图书在版编目（CIP）数据

奇迹美女变身术 /（日）多田亚树博著；安洋译. —北京：中国纺织出版社，2013.10
ISBN 978-7-5064-9941-5

Ⅰ.①奇…　Ⅱ.①多…②安…　Ⅲ.①女性-化妆-造型设计-基本知识　Ⅳ.①TS974.1

中国版本图书馆CIP数据核字（2013）第190345号

策划编辑：来佳音　　责任编辑：张思思　　责任校对：寇晨晨
责任设计：何　建　　责任印制：何　艳

中国纺织出版社出版发行
地址：北京市朝阳区百子湾东里A407号楼　邮政编码：100124
邮购电话：010－67004461　传真：010－87155801
http://www.c-textilep.com
E-mail:faxing@c-textilep.com
天津市光明印务有限公司印刷　　各地新华书店经销
2013年10月第1版第1次印刷
开本：710×1000　1/16　印张：12.5
字数：89千字　定价：39.80元